·中国珍稀濒危海洋生物·

总主编　张士璀

中国
珍稀濒危
海洋生物

ZHONGGUO
ZHENXI BINWEI
HAIYANG SHENGWU

鱼类与爬行动物卷

YULEI YU PAXING DONGWU JUAN

李军　主编

中国海洋大学出版社
·青岛·

图书在版编目（CIP）数据

中国珍稀濒危海洋生物. 鱼类与爬行动物卷 / 张士
璀总主编；李军主编. — 青岛：中国海洋大学出版社，
2023.12
ISBN 978-7-5670-3730-4

Ⅰ.①中… Ⅱ.①张…②李… Ⅲ.①濒危种—海洋
生物—介绍—中国②鱼类—介绍—中国③爬行纲—介绍—
中国 Ⅳ.①Q178.53②Q959.4③Q959.6

中国国家版本馆CIP数据核字(2023)第243918号

出 版 人	刘文菁		
出版发行	中国海洋大学出版社		
社 址	青岛市香港东路23号	邮箱编码	266071
网 址	http://pub.ouc.edu.cn	订购电话	0532-82032573（传真）
项目统筹	董 超	电 话	0532-85902342
责任编辑	丁玉霞	电子邮箱	qdjndingyuxia@163.com
文稿编撰	昃丹琦	图片统筹	韩龙江 丁玉霞
照 排	青岛光合时代文化传媒有限公司		
印 制	青岛名扬数码印刷有限责任公司	成品尺寸	185 mm × 225 mm
版 次	2023年12月第1版	印 张	9.25
印 次	2023年12月第1次印刷	印 数	1～5000
字 数	130千	定 价	39.80元

如发现印装质量问题，请致电13792806519，由印刷厂负责调换。

中国珍稀濒危海洋生物

总主编　张士璀

编委会

倾听海洋之声

潮起潮落，浪奔浪流，海洋——这片占地球逾 2/3 表面积的浩瀚水体，跨越时空、穿越古今，孕育和见证了生命的兴起与演化、展示着生命的多姿与变幻的无垠。

千百年来，随着文明的发展，人类也一直在努力探索着辽阔无垠的海洋，也因此而认识了那些珍稀濒危的海洋生物，那些面临着包括气候巨变、环境污染、生境恶化、食物短缺等前所未有的生存压力、处于濒临灭绝境地的物种。在中国分布的这些生物被记述在我国发布的《国家重点保护野生动物名录》和《国家重点保护野生植物名录》之中。

丛书"中国珍稀濒危海洋生物"旨在记录上述名录中的国家级保护生物，为读者展现这些生物的"今生今世"。丛书包括《刺胞动物卷》《鱼类与爬行动物卷》《鸟类卷》《哺乳动物卷》《植物与其他动物卷》等五卷，通过描述这些珍稀濒危海洋生物的形态、习性、繁衍、分布、生存压力等并配以精美的图片，展示它们令人担忧的濒危状态以及人类对其生存造成的冲击与影响。

在图文间，读者同时可以感受到它们绚丽多彩的生命故事：

在《刺胞动物卷》，我们有幸见识长着蓝色骨骼、有海洋"蓝宝石"之誉的苍珊瑚；了解具有年轮般截面的角珊瑚以及它们与虫黄藻共生的亲密关系……

在《鱼类与爬行动物卷》，我们有机会探知我国特有的"水中活化石"中华鲟；认识终生只为一次繁衍的七鳃鳗；赞叹能模拟海藻形态的拟态高手海马，以及色彩艳丽、长着丰唇和隆额的波纹唇鱼……

在《鸟类卷》，我们得以惊艳行踪神秘、60 年才一现的"神话之鸟"，中华凤头燕鸥；欣赏双双踏水而行、盛装表演"双人芭蕾"的角䴙䴘……

在《哺乳动物卷》，我们可以领略海兽的风采：那些头顶海草浮出海面呼吸、犹如海面出浴的"美人鱼"儒艮；有着沉吟颤音歌喉的"大胡子歌唱家"髯海豹……

在《植物与其他动物卷》，我们能细察有"鳄鱼虫"之称、在生物演化史中地位特殊的文昌鱼；惊叹那些状如锅盔、有"海底鸳鸯"之誉的中国鲎；观赏体形硕大却屈尊与微小的虫黄藻共生的大砗磲。

"唯有了解，我们才会关心；唯有关心，我们才会行动；唯有行动，生命才会有希望"。

丛书"中国珍稀濒危海洋生物"讲述和描绘了人类为了拯救珍稀濒危生物所做出的努力、探索与成就，同时将带领读者走进珍稀濒危海洋生物的世界，了解这些海中的精灵，感叹生物进化的美妙，牵挂它们的命运，关注它们的未来。

更希望这套科普丛书能充当海洋生物与人类之间的传声筒和对话的桥梁，让读者在阅读中形成更多的共识和共谋：揽匹夫之责、捐绵薄之力，为后人、为未来，共同创造一个更美好的明天。

宋微波　中国科学院院士

2023 年 12 月

濒危等级和保护等级的划分

濒危等级

评价物种灭绝风险、划分物种濒危等级对于保护珍稀濒危生物有着非常重要的作用。根据世界自然保护联盟（IUCN）最新的濒危物种红色名录，包括以下九个等级。

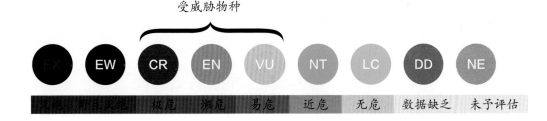

灭绝（EX）

如果具有确凿证据证明一个生物分类单元的最后一个个体已经死亡，即认为该分类单元已经灭绝。

野生灭绝（EW）

如果已知一个生物分类单元只生活在栽培、圈养条件下或者只作为自然化种群（或种群）生活在远离其过去的栖息地的地方，即认为该分类单元属于野外灭绝。

极危（CR）

当一个生物分类单元的野生种群面临即将灭绝的概率非常高，该分类单元即列为极危。

濒危（EN）

当一个生物分类单元未达到极危标准，但是其野生种群在不久的将来面临灭绝的概率很高，该分类单元即列为濒危。

易危（VU）

当一个生物分类单元未达到极危或濒危标准，但在一段时间后，其野生种群面临灭绝的概率较高，该分类单元即列为易危。

近危（NT）

当一个生物分类单元未达到极危、濒危或易危标准，但在一段时间后，接近符合或可能符合受威胁等级，该分类单元即列为近危。

无危（LC）

当一个生物分类单元被评估未达到极危、濒危、易危或者接近受危标准，该分类单元即列为需给予关注的种类，即无危种类。

数据缺乏（DD）

当没有足够的资料直接或间接地确定一个生物分类单元的分布、种群状况来评估其所面临的灭绝危险的程度时，即认为该分类单元属于数据缺乏。

未予评估（NE）

如果一个生物分类单元未经应用本标准进行评估，则可将该分类单元列为未予评估。

保护等级

我国国家重点保护野生动植物保护等级的划分，主要根据物种的科学价值、濒危程度、稀有程度、珍贵程度以及是否为我国所特有等多项因素。

国家重点保护野生动物分为一级保护野生动物和二级保护野生动物。

国家重点保护野生植物分为一级保护野生植物和二级保护野生植物。

前言

在广袤的海洋中，生活着各式各样的鱼类，有堪称"大块头"的鲸鲨，有被称为"水中大熊猫"的中华鲟，有极具欣赏价值的海马，有绚丽多彩的波纹唇鱼……它们在海洋食物链中占有重要位置。

你知道吗，在辽阔的海洋里还生活着爬行动物呢，比如海蛇和海龟。这两大类群的祖先原本都生活在陆地或水边，经过漫长的演化，适应了海洋生活，就把大海当作了家。海蛇都有剧毒，人们往往"谈蛇色变"。然而，海蛇具有重要的药用价值，自古以来被记载于中医药书籍中。被称为海洋"活化石"的海龟，从恐龙鼎盛时代一直存续至今，拥有独特的生活史和习性，是海洋生态系统中的重要旗舰物种和指示物种。

可如今，由于人类活动的影响和海洋生态环境的破坏，许多海洋鱼类与爬行动物承受着巨大的生存压力。我国海域内的鱼类与爬行动物存在种群数量下降、栖息地被破坏等问题，以往家族繁盛的物种，如今有的成为珍稀物种，有的甚至面临灭绝，物种延续面临挑战。它们的生存现状引起人们的广泛关注，人们已开展相关保护工作。

翻开本书，让我们一起认识被列为国家一级、二级重点保护的野生海洋鱼类与爬行动物。我们期待"消失"了的鯮能够归来，马苏大麻哈鱼洄游让江河拥堵的壮观场景能够再现，小海龟返回大海的路途能够畅通无阻。亲爱的读者们，让我们共同努力，保护这些海洋生灵。

目录

爬行动物

鱼类

我国鱼类有 5000 多种，其中海洋鱼类 3600 种以上。生活在海洋中的鱼类在海洋食物链中占有重要位置，"大鱼吃小鱼，小鱼吃虾米"说的就是它们既是捕食者，又是被捕食者。

随着社会经济的迅猛发展，由于人们对海洋鱼类资源的需求与日俱增，对海洋的开发和过度利用，以及全球气候变化，海洋鱼类面临诸多生存威胁，许多鱼种甚至面临灭绝。近年来，国家通过颁布《中华人民共和国渔业保护法》《中华人民共和国野生动物保护法》等法律法规，以及建立渔业自然保护区等，多措并举，保护渔业资源多样性，拯救濒危物种。

海洋鱼类的生存威胁

自然因素

海底地形、海水温度和盐度，以及波浪、潮汐、洋流等海水运动和复杂的海洋生态系统，都影响着生活在海洋中的鱼类。

在自然环境下，鱼类的孵化率和成活率大都很低，有的鱼类需要很长时间才能达到性成熟，繁殖后代；有些鱼类在产卵的时候对水质、水流、水温等的要求很严格，这些因素一旦有变化便会影响它们正常产卵。还有些鱼，如马苏大麻哈鱼需要从海洋洄游到河流中产卵，在洄游的途中，险象环生，可谓九死一生。

人为因素

一是许多鱼类具有重要的经济价值、食用价值和药用价值。受高额利润的驱使，人类过度捕获鱼类进行贸易活动，导致鱼类种群数量一直在减少，甚至有些种类濒临灭绝。二是一些非法捕捞

海鸟捕鱼

作业方式，如使用密眼网、地笼网、刺网、电鱼设备等渔具，常常将大鱼、小鱼一网打尽，既断绝了鱼类的繁殖链，也威胁了以小鱼、小虾为食物的大型鱼类的生存，加剧了鱼类资源的减少。三是由于远洋贸易、海洋旅游业的发展，一些大型鱼类会被轮船的螺旋桨所伤，导致死亡。许多鱼类的嘴或鳍被海洋垃圾如塑料袋子缠住，或误食海洋垃圾致死，场面往往令人触目惊心。四是一些水利水电工程的建设，会在一定程度上破坏鱼类产卵、索饵、越冬的自然场所，导致鱼类可以栖息的场所变少，继而种群数量减少。如修筑大坝会切断洄游鱼类的迁徙路线，使它们无法回到产卵地进行繁殖，加剧了洄游鱼类数量的减少。

渔民晾晒地笼网

海洋鱼类的保护对策

　　海洋鱼类虽然是可再生资源，但如果一味地开发，不加保护，就会衰退。目前，我国鱼类资源已受到严重威胁，一些物种已濒临灭绝，加强保护已刻不容缓。国家已采取以下措施，有效协调开发建设与保护利用的关系。

　　一是加强渔业立法和执法。与海洋鱼类保护有关的法律法规我国主要有《野生动植物保护管理条例》《中华人民共和国渔业法》《中华人民共和国渔业法实施细则》《海洋自然保护区管理办法》等，这些法律法规为海洋鱼类的保护提供了法律保障。

密眼网捕鱼

二是建立海洋保护区和水产种质资源保护区。我国有许多海洋特别保护区，旨在保护海洋自然环境和资源，为我国近海构筑起一道海洋生态保护屏障。虽然这些保护区仅有很少一部分是专门以海洋鱼类为保护对象，但它们既保护了海洋自然环境、维护了海洋生态系统的稳定性，也保护了海洋鱼类。海洋鱼类也是重要的种质资

源，尤其是我国特有的一些鱼类。为此，我国建立了许多国家级和省级种质资源保护区，加大对鱼类种质资源的保护力度。

三是实行海洋伏季休渔制度。我国自1995年开始，实施海洋伏季休渔制度。休渔期间，一律实行"船进港、网封存、证（捕捞许可证）集中"。目的是给鱼类足够的时间来繁衍生息，是对

海底渔网

我国周边海域渔业资源保护的有力措施。

四是增殖放流。在修筑水利工程时，建立人工过鱼设施，使洄游和迁徙的海洋鱼类顺利回到产卵、索饵、越冬的场所；在鱼类原有的栖息地被破坏的情况下，人工再造鱼类栖息地。此外，开展珍稀濒危鱼类人工繁育和养殖的研究，有助于通过增殖放流弥补自然资源的不足。然而，有些鱼类由于对水流、水质、水温、盐度等条件要求苛刻，目前还没有实现人工繁育，只能通过保护生存环境来防止灭绝。

五是加强宣传教育，增强公众保护意识。海洋强则国家强，海洋兴则国家兴。对于海洋鱼类的保护来说，公众教育非常重要。近年来，渔业部门组织公众参加海洋鱼类增殖放流现场活动，进一步增强公众对海洋鱼类的保护意识；一些以海洋科普为主题的微信公众号，致力于宣传海洋科普知识，加强海洋意识教育；在一些地方，部分"打鱼人"成了"护鱼人"，组建了群众性护渔管理组织，"以身说法"劝说周围人们爱护海洋，保护渔业资源。

　　我国有 26 种（分属于 3 纲 10 目）海洋鱼类被列入 2021 年公布的《国家重点保护野生动物名录》，其中一级国家重点保护野生动物 3 种（中华鲟、鲥、黄唇鱼），二级国家重点保护野生动物 23 种。下面将逐一介绍。

海上渔船

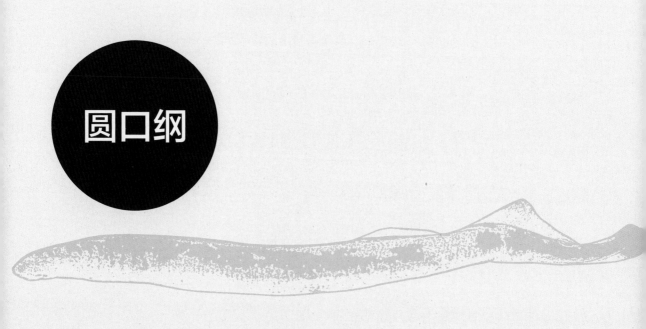

圆口纲

七鳃鳗目
Petromyzontiformes

日本七鳃鳗
Lampetra japonica

分类地位

七鳃鳗科七鳃鳗属

形态特征

日本七鳃鳗身体呈圆柱状。吻部腹面为漏斗吸盘，口位于吸盘的中央；头部有一个鼻孔，位于两眼前缘之间。有两个背鳍；只有一个尾鳍，为原型尾，呈箭头状。身体青绿色或灰褐色，腹部较浅。

食物

既营独立生活，又营寄生生活。营独立生活时，以浮游动物为食；营寄生生活时，常吸附在其他鱼类身上，吸食血肉。

繁殖

江海洄游性鱼类。个体发育及性成熟时间较长，一般需要 5 ~ 6 年才能进行繁殖，且一生只繁殖一次，在产卵后死亡。

分布

在我国，分布于黑龙江、图们江、绥芬河等水系，偶见于鸭绿江口及江苏近海。在世界范围内，分布于太平洋北部，南至日本和朝鲜沿海。

生存现状

在 20 世纪，日本七鳃鳗的数量比较多，经常有一些大型鱼类受到它们的攻击，在身体上留下伤疤。还经常在一些捕捞上来的鱼类身体上发现吸附有日本七鳃鳗。近年来，日本七鳃鳗的产卵场和幼鱼的生活环境遭到破坏，水质污染也对它们的生存环境造成影响，加上缺乏有效的保护措施，日本七鳃鳗的数量急剧下降，现已不多见。

二级

国家重点保护野生动物等级

IUCN 濒危等级

保护

　　黑龙江同江段国家级水产种质资源保护区和珲春河大麻哈鱼国家级水产种质资源保护区，将日本七鳃鳗列为主要保护对象。

它的俗称

　　日本七鳃鳗的头两侧眼后方各有7个圆形的鳃裂开口（外鳃孔），因而俗称"七星子"。另外，还有一些人认为它们的7对鳃裂是眼，加上头部的1对眼，一共有8对眼，所以也称其为八目鳗。

日本七鳃鳗（霍堂斌　拍摄）

011

软骨鱼纲

鼠鲨目

Lamniformes

姥鲨
Cetorhinus maximus

分类地位

姥鲨科姥鲨属

形态特征

身体呈纺锤形，有 5 个很宽的鳃孔，自背上侧伸达腹面喉部；头呈圆锥形，尾鳍呈新月形。身体背腹颜色不同，一般背部呈深褐色至深蓝色、黑色，腹部则呈白色。

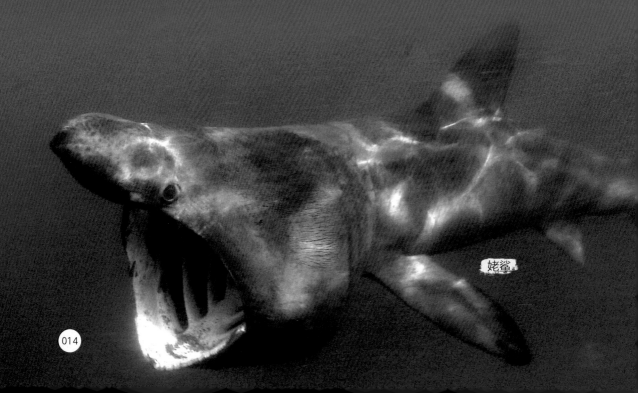

姥鲨

姥鲨

食物

沙丁鱼、鳀等小型集群性鱼类以及浮游桡足类。

繁殖

卵胎生。性成熟较晚，繁殖能力较低。

分布

在我国它分布于黄海、东海和台湾东北部海域。在世界范围内它分布于大西洋、太平洋和印度洋的温带和亚寒带海区。

二级

国家重点保护野生动物等级

EN

IUCN 濒危等级

生存现状

姥鲨具有重要的经济价值，除了肉可供食用、鱼皮可制革、肝脏可制作鱼肝油、软骨可用作中药外，它的鳍被称为鱼翅中的"天九翅"，是被人们猎捕的主要原因。姥鲨是近海上层大型鲨鱼，但游泳速度很慢且不具攻击性，在渔业捕捞中会因网丝缠绕等原因而被兼捕。

保护

由于姥鲨的数量严重减少，很多国家都已采取保护，并限制其相关产品的贸易活动。

姥鲨很温柔

姥鲨虽然有一张大嘴，但游动缓慢、性情温和。天气晴朗时，姥鲨喜欢三五成群聚在一起，浮在海洋表层晒太阳，又被人们称为"晒太阳鲨"。姥鲨生性迟钝，船只和潜水员靠近时它也不会躲避，故游客可以近距离地观看姥鲨。

潜水员近距离观看姥鲨

噬人鲨

噬人鲨

Carcharodon carcharias

分类地位

鼠鲨科噬人鲨属

形态特征

体形庞大，身体呈纺锤形，躯干部位非常粗壮，头部和尾部渐细小，最大体长可达 8 米，平均在 3 米左右。吻钝尖，较短。具5 个较宽大的鳃孔。鱼体背部呈暗褐色至青灰色，腹部呈白色。

噬人鲨

食物

鱼类、海龟和海兽。

繁殖

卵胎生。雌性成熟年龄为 30 龄以上，每 2 ~ 3
年繁殖 1 次，产仔数为 2 ~ 17 个。

二级
国家重点保护野生动物等级

VU
IUCN 濒危等级

分布

在我国，分布于东海、南海和台湾北部海域。在世界范围内，广泛分布于几乎所有的温带、亚热带和热带海域。

生存现状

噬人鲨是唯一现存的噬人鲨属物种。与大多数鲨鱼一样，噬人鲨生长缓慢，加之繁殖力低下，幼鲨数量较少，一旦成年鲨鱼被过度捕捞，会导致其种群恢复缓慢。受高额利润驱使，人类对噬人鲨滥捕滥杀，这是其数量急剧下降的主要原因。

保护

根据我国现行法律法规，对于列入《濒危野生动植物种国际贸易公约》附录二的鲨鱼（即姥鲨、鲸鲨和噬人鲨），受《中华人民共和国野生动物保护法》《中华人民共和国水生野生动植物保护实施条例》《中华人民共和国濒危野生动植物进出口管理条例》的保护。我国各地渔业行政主管部门和相关产业协会还定期对远洋捕捞渔船的船员进行培训，教船员识别鲨鱼种类，放归存活的兼捕鲨鱼。

噬人鲨

海之眼

噬人鲨身边的小鱼

噬人鲨，也称大白鲨，听名字就知道它不好惹，它会攻击一些大型海洋生物，如海狮、海豹等，有攻击船只和人的记录。但它在水里游动时，却有许多小鱼跟在身边，仿佛是它的"侍从"。这些小鱼为何跟随在如此凶残的大鲨鱼旁边，却安然无恙呢？

有科学家曾经认为，噬人鲨有严重的"洁癖"，它留这些小鱼在身边是为了让它们吃自己的剩食，帮自己打扫卫生。然而，后来人们发现，这些小鱼都是自己去找食物吃，从来不吃这些剩食。于是又有人猜测，这些小鱼可能是为了借着噬人鲨的威猛，而躲避其他敌害的袭击，颇有狐假虎威的架势！至于噬人鲨为何不吃身边的小鱼，目前还没有一个科学的解释。

须鲨目
Orectolobiformes

鲸鲨
Rhincodon typus

分类地位

鲸鲨科鲸鲨属

形态特征

体延长庞大，一般长达十几米，最长的超过 20 米。身体微扁，头部又宽又扁。口前位，两侧整齐排列着 5 对巨大的鳃裂。背部灰褐色至蓝褐色，腹部为白色。背部散布大量黄色或白色的斑点与条纹，犹如棋盘。

鲸鲨

鲸鲨

食物

浮游生物和小型鱼类。

繁殖

卵胎生，雌性鲸鲨会将受精卵留在体内孵化并长大，幼年鲸鲨长到 40 ~ 50 厘米时才会离开母体生活。体形巨大的鲸鲨，一次可以生下 300 多头幼鲨。鲸鲨生长缓慢，约 25 龄才能达到性成熟。

分布

在我国各海区都有分布。在世界范围内，广泛分布于全球热带、温带海域。

生存现状

鲸鲨虽然是海底的"大块头"，但性格温顺，而且游速较慢。鲸鲨很容易被渔网缠住，或作为副渔获物被意外捕捞。此外，它还面临着被船只冲撞的危险。因此，人类的捕捞活动是其数量减少的主要原因。

鲸鲨与跟随它的小鱼

保护

　　针对鲸鲨种群数量急剧减少的状况，许多国家出台了相应的法律禁止捕捞鲸鲨和相关的贸易活动，保护鲸鲨。为提醒更多的人关注这一温柔的"海中巨人"，2008 年，在墨西哥举办的国际鲸鲨研讨会上，正式将每年的 8 月 30 日列为世界鲸鲨日。

海洋生灵的庇护者

　　与噬人鲨不同的是，鲸鲨的大嘴里虽有 300 多排细小的牙齿，却从来不吃大型动物，就连一般的小鱼也不吃，只滤食浮游生物、游泳动物等。因此，许多小鱼，如黄鹂无齿鲹，会跟随鲸鲨，寻求庇护；鲫鱼会吸在鲸鲨身体上遨游四海。鲸鲨以其庞大的身躯、温和的性情，让许多海洋生灵有所依靠。

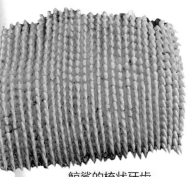

鲸鲨的梳状牙齿

硬骨鱼纲

鲟形目
Acipenseriformes

中华鲟

Acipenser sinensis

分类地位

鲟科鲟属

形态特征

身体呈纺锤形，头部长三角状，眼小，吻尖长，有 4 根吻须。身体表面覆盖着一层坚硬的骨鳞，成年后全身有 5 行骨板。胸鳍呈椭圆形，较大，也较发达；腹鳍比较小；尾鳍上叶长于下叶。成年后的中华鲟体长一般为 40 ~ 130 厘米，体重为 50 ~ 300 千克。不过也有能长到 4 米多长，体重超过 800 千克的较大个体。

食 物

鱼、虾、软体动物、水生昆虫等小型动物。

繁殖

中华鲟是典型的溯河洄游性鱼类，平时生活在海中。开始性腺发育的个体于7—8月由海进入江河，在淡水栖息一年，性腺逐渐发育。第二年秋季到达产卵场所进行繁殖。

分布

在我国，目前仅在长江有一定现存量；历史上它曾分布在东海、黄海和台湾海峡等以及流入其中的大型江河（长江、珠江、闽江、钱塘江和黄河）。国外在朝鲜、日本等近海曾有报道。

生存现状

中华鲟十分稀有，有"水中大熊猫"之称。中华鲟虽产卵量很大，但由于长江水流湍急，部分受精卵被冲击至岸上而停止发育，以及部分幼鱼被敌害吞食等，能长为成鱼并繁殖产卵的数量不多。20世纪70年代以后，由于拦河筑坝阻碍了中华鲟的洄游通道，加之近几十年的水质污染、非法渔具的滥用及过度捕捞等因素使中华鲟数量急剧减少。

中华鲟

一级

国家重点保护野生动物等级

CR

IUCN 濒危等级

保护

　　1981 年长江葛洲坝截流后，中华鲟丧失了原有的产卵地，只能被困在葛洲坝下游河段产卵。为尽量消减葛洲坝工程对中华鲟的不利影响，国家已采取多种措施来保护中华鲟。例如，严格限制用于人工繁殖和科学实验的中华鲟的捕捞数量、地点与时间；1982 年成立中华鲟研究所，从 1983 年起每年向长江放流人工繁殖的幼鲟；1988 年在上海崇明建立中华鲟暂养保护站，1992 年在上海崇明建立中华鲟幼鱼抢救中心，1996 年建立长江湖北宜昌中华鲟自然保护区，2000年建立厦门中华鲟繁育保护基地，2003 年上海成立长江口中华鲟自然保护区，2004 年江苏东台建立中华鲟自然保护区。然而，每年洄游至葛洲坝下游河段产卵的野生中华鲟数量仍在锐减。

海之眼

水中"活化石"

　　中华鲟是我国特有的古老珍稀鱼类，也是世界现存鱼类中较为原始的种类之一，距今有 1.4 亿年的历史，被称为水中"活化石"。中华鲟在分类上占有极其重要的地位，在研究鱼类和脊椎动物进化，以及地质、地貌、海侵、海退等地球变迁等方面均具有重要的科学价值。

中华鲟.

鳗鲡目
Anguilliformes

花鳗鲡

花鳗鲡
Anguilla marmorata

花鳗鲡

分类地位

鳗鲡科鳗鲡属

形态特征

花鳗鲡是鳗鲡属中体形较大的一种，全长达 200 厘米。身体粗壮有力，腹鳍前部的躯体呈圆柱形，尾部侧扁，头圆锥形。胸鳍圆形，无腹鳍。腹部为白色或蓝灰色，背部和鳍密布棕褐色斑点。因其很像硕大的鳝鱼，所以俗称为"鳝王"。

食物

花鳗鲡白天隐藏在洞穴或石隙中，夜间外出活动。捕捉鱼、虾、蟹、蛙及其他小动物吃，也会吃落入水中的大动物尸体。

繁殖

花鳗鲡要经过约 10 年的时间才能达到性成熟，而且一生只繁殖一次。每到秋季西北风起的时候，成年花鳗鲡便从汇河往河口移动，入海产卵，产卵后即死亡。卵在海水中孵化。刚出生的小花鳗鲡是白色薄软的叶状体，像柳叶，俗称"柳叶鳗"。

花鳗鲡

分布

江河洄游鱼类。在我国，分布于浙江以南沿海以及长江下游、钱塘江、灵江、瓯江、九龙江等江河。在世界范围内，还分布于印度洋、西太平洋。

生存现状

20世纪60年代，海南野生花鳗鲡数量很多，碗口粗的鳗鲡很常见。近年来，由于过度捕捞、工业污水对河流的严重污染，以及拦河建坝、修水库及水电站等阻断了花鳗鲡的正常洄游通道，花鳗鲡的资源量急剧下降，已难见其踪迹。

二级

国家重点保护野生动物等级

LC

IUCN 濒危等级

保护

花鳗鲡及其栖息生态环境是广东陆河花鳗鲡省级自然保护区的保护对象。广西红水河来宾段珍稀鱼类自治区级自然保护区，地处红水河下游河段，也将花鳗鲡这一红水河洄游珍稀鱼类作为主要保护对象。

海之眼

能上树的花鳗鲡

花鳗鲡体表具有黏液，皮肤具有呼吸功能，可以离开水生活较长时间。令人惊奇的是，它居然会爬树，这种特性使它在河水干涸的时候，可以爬到树上去捕食椰子蟹充饥。

花鳗鲡

鲱形目

Clupeiformes

鲥

Tenualosa reevesii

分类地位

鲱科鲥属

形态特征

体侧扁，口小，上、下颌一样长，没有牙齿。眼有发达的脂眼睑。鳞片又大又薄，上面有细纹。腹部狭窄，腹面有大而锐利的棱鳞，边缘排列成锯齿状。头部光滑无鳞。尾鳍深叉形。

食物

以浮游生物为食，主要吃桡足类、虾类和硅藻。

繁殖

鲥属洄游性鱼类，平时生活在海水中，每到春末夏初（3—5月），便会准时溯河入江产卵，因此得名"鲥"。届时，雌雄鱼相互追逐，多在午后至傍晚产卵。鲥出生后要在江湖内度过幼年时期，长到体长15厘米左右时，才奔向大海继续成长，性成熟后便回到江河中产卵。

分布

在我国，分布于渤海、黄海、东海、南海以及长江、珠江、钱塘江等水系。在世界范围内，分布于西起印度，东至菲律宾，北至日本南部的海域。

生存现状

鲥是我国比较珍贵的经济鱼类，产于长江下游，自古是江南水中珍品，与河豚、刀鱼齐名，素称"长江三鲜"。因此，鲥曾经是人们的重点捕捞对象，就连将要繁殖的亲鱼和在索饵场里成长的小鱼都不放过。从 20 世纪 80 年代开始，由于过度捕捞以及修建大坝阻断了洄游路径，鲥的资源量急剧下降，30 多年来不曾出现踪影。2005 年，科学家称鲥已经功能性消失。这是一件多么可惜的事，这对人类来说是一种损失。

保护

为了加强长江流域生态环境保护和修复，2020 年我国颁布了《中华人民共和国长江保护法》。2021 年 1 月 1 日起，我国正式开启长江 10 年"禁渔计划"，以切实加强渔业资源与生态保护。我们盼望随着保护力度的加强，奇迹能够发生，鲥能够"归来"！

一级

国家重点保护野生动物等级

DD

IUCN 濒危等级

海之眼

富有诗意的鲥

鲥非常爱惜自己身上的鳞片，宁肯"雍容华贵"地死，也决不"鳞片破损"地活。因此，自古以来，人们对鲥的青睐不仅仅停留在其鲜美的食材上，更有很多文人对其清高、惜鳞的品性赋诗称赞、写文歌颂。据史料记载，鲥作为诗歌意象，出现在诗歌中始于宋，盛于明清，并且由于时间的变化，其内涵不断丰富。一方面作为寄托之物，被赋予闲时和思乡的情感；另一方面，因其味美多刺的特点，被诗人用以传达世事无全的遗憾。

鲥

鲑形目
Salmoniformes

拖网渔船

马苏大麻哈鱼

马苏大麻哈鱼

Oncorhynchus masou

马苏大麻哈鱼

分类地位

鲑科大麻哈鱼属

形态特征

身体呈纺锤形，侧扁。头大而侧扁，口大。吻突出，微弯，形似鸟喙，生殖季节时雄鱼上颌突出最为明显，上、下颌不相吻合，相向弯曲如钳形。眼小，鳃孔大，鳞细小，侧线明显，背鳍后方有一个很小的与臀鳍相对的脂鳍，尾鳍呈浅叉形。侧线上方密布小黑点，体侧中央有 9 个椭圆形云纹斑点。背部黑青绿色，腹部银白色。

马苏大麻哈鱼

食物

幼鱼时吃底栖生物和水生昆虫，在海洋中主要以玉筋鱼和鲱科鱼类为食。

繁殖

洄游性群体在 4—5 月游入河口，5—7 月入江河生活，8—10 月产卵，亲鱼在产卵后 2～3 个月死亡；陆封性群体不营降海洄游，亲鱼产卵后不死亡。产过卵的亲鱼守候在产卵的坑穴旁，保护鱼卵免遭敌害吞食。

分布

洄游性群体历史上在黄海中北部偶尔有发现，现在我国沿海无自然分布；在我国黑龙江省的绥芬河和吉林省的图们江干支流均有溯河产卵群体分布。陆封性群体在我国分布于绥芬河、图们江和台湾的大甲溪中。在国外主要分布于日本、朝鲜、俄罗斯。

生存现状

历史上，马苏大麻哈鱼的洄游可以让江河拥堵，甚至"踩在鱼背上就能过河"，现在早已不见那么壮观的场景了。人类过度捕捞导致其种群数量越来越少。最大的生存威胁是水坝建设阻断了它们的洄游路径，破坏了产卵场所。目前，图们江的马苏大麻哈鱼已绝迹，我国马苏大麻哈鱼已经十分稀少了。

二级

国家重点保护野生动物等级

保护

应该采取综合治理措施修复马苏大麻哈鱼资源，如加大对其洄游路线和产卵场的保护力度，建立过鱼通道保障它顺利洄游。目前，黑龙江省东宁市绥芬河段和密江河（图们江的支流）都已经是大麻哈鱼国家级水产种质资源保护区，这对于马苏大麻哈鱼的保护具有重要作用。

海之眼

洄游性和陆封性马苏大麻哈鱼

马苏大麻哈鱼为溯河洄游性鱼类，达到性成熟的亲鱼，每年5月开始从河口处溯河游向江河干支流掘穴产卵。幼鱼在淡水中生活将近1年，然后开始分离成洄游性和陆封性两个生态群体。洄游性群体降河入海生活1～2年，性成熟后溯河洄游繁殖；陆封性群体终生生活在淡水河流中，不营降海洄游，为大麻哈鱼类中罕见的生物学特性。

陆封性马苏大麻哈鱼与洄游性在形态特征上相似，但前者个体较小，头略长，眼经及跟间距均较小，背部为苍黑色，腹部为浅白色，体侧有8～10个终身不消失的紫黑色小块状横斑纹。繁殖季节，陆封性可与洄游性群体进行自然交配。与洄游性不同的是，陆封性产卵后亲鱼不死亡，能在第二年继续繁殖。

马苏大麻哈鱼

海龙鱼目
Syngnathiformes

一对海马

长长的管状吻

凸出的腹部

海洋中有一类鱼，形态与我们常见的鱼不一样，它们就是海马，因其头部形状似马头而得名。海马身体呈侧扁形，胸腹部凸出，雄海马有育儿囊。它那细细长长的尾巴高度灵活，还喜欢卷起来；头部有冠状突起（顶冠），头的侧面有突起或小刺；有一个管状的吻，有的种类吻较长；头部与躯干成直角；鳃孔很小；臀鳍很小，胸鳍宽短；没有腹鳍和尾鳍。

繁殖时，雌海马把卵产在雄海马的育儿囊里，卵在育儿囊里受精，由雄海马来完成养育后代的工作。育儿囊可以为小海马提供氧气和必需的营养。小海马在育儿囊里发育一个月左右之后，雄海马会扭曲身体，将小海马从育儿囊的开口放出来，让它们独立生活。

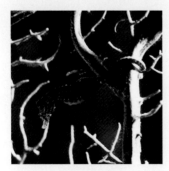

海马将尾巴卷在附着物上

海马分布在全球温带、亚热带和热带近岸水深小于50米的海域，栖息于珊瑚礁、海草床、海藻床中，它们常将尾部卷曲于海藻等附着物上。海马游泳时主要靠胸鳍和背鳍缓慢移动，每分钟可移动 1 ~ 3 米，是游得较慢的小型鱼类。

全世界有海马 40 余种。我国是世界上海马种类最多的国家之一，本书介绍 15 种。我国渤海产冠海马和日本海马，黄海产日本海马和三斑海马，东海主要产三斑海马、日本海马、鲍氏海马和克氏海马。历史上海马在这 3 个海域内均有一定分布数量，近年来则呈现明显的下降趋势，已经变成偶见种类。而南海的海马种类较多，资源量也比较丰富，有刺海马、棘海马、库达海马、日本海马、三斑海马、北部湾海马、虎尾海马、克氏海马、花海马以及多种豆丁海马，现仍有一定的种群数量。

拟态珊瑚的巴氏海马

滩涂养殖

　　海马具有药用价值，其干燥品常制成传统中药材。此外，海马姿态优美，活体用于观赏，干燥品用于制作工艺品。因此，海马虽受到法律保护，但人们为追逐利益，非法捕捞、公然买卖野生海马仍时有发生。

　　在海洋捕捞中海马是兼捕渔获，虽不存在以海马为专门捕捞对象的作业活动，但过度捕捞仍然是海马生存的一个严重威胁。由于海马的繁殖能力较低，在遭到过度捕捞后，种群恢复能力有限，因此其资源量明显下降也就不足为奇。

　　海马通常生活在有海草床、红树林、珊瑚礁的海域以及水质优良的河口和潟湖区。然而随着社会经济的快

海草丛里的海马

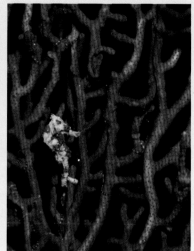

珊瑚丛里的海马

速发展，围海造田、海上养殖、滩涂养殖屡见不鲜，虽带来了短期经济效益，但造成了近海水环境污染，海草、珊瑚礁等资源衰退，使海马的栖息地被破坏，主要生活区域被抢占，威胁了海马的生存。

为有效保护海马，早在 2004 年，《濒危野生动植物种国际贸易公约》（CITES）就已将所有海马属物种列入附录二，以此来限制海马的国际贸易。我国作为缔约国之一，也从此将全部海马纳入二级保护动物管理范畴。2021 年公布的《国家重点保护野生动物名录》，将海马属所有种列为国家二级重点保护野生动物。

刺海马

Hippocampus histrix

分类地位

海龙鱼科海马属

形态特征

刺海马体长可达 17 厘米，躯干环 11 节。顶冠具尖锐棘。吻很长，大于眼后头长的两倍。体部各棱上的棘非常长且锐利。

食物

小型无脊椎动物。

（雄）

（雌）

刺海马

分 布

　　刺海马是暖水性沿岸鱼类，栖息于近岸内湾岩礁海区。在我国，分布于东海、南海以及台湾海域。在世界范围内，分布于印度洋和太平洋暖水域。

二级

国家重点保护野生动物等级

VU

IUCN 濒危等级

如何辨雌雄

在自然环境中，刺海马成对出现。雄性刺海马体色为红褐色，育儿囊黄色，各棘刺末端是黑色的。雌性刺海马的吻有横带，个体也有体色为灰褐色的变异。

成对的刺海马

库达海马

Hippocampus kuda

库达海马

分类地位

海龙鱼科海马属

形态特征

库达管海马体长可达 18 厘米，躯干环 11 节。吻较长，大于眼后头长。顶冠明显，不具分支皮瓣，仅具粗糙棱脊。

食物

小型无脊椎动物。

繁殖

全年可繁殖，孵卵期平均为 17 天，每次产小海马可达 1 400 尾，小海马出生时平均体长 7 毫米。

分布

库达海马是暖水性沿岸鱼类，栖息于河口。在我国，分布于黄海、东海、南海。在世界范围内，分布于印度洋和太平洋暖水域。

二级

国家重点保护野生动物等级

VU

IUCN 濒危等级

库达海马与刺海马

　　库达海马与刺海马形态特征相似，吻都比较长，躯干环都是 11 节，但库达海马的体环具有突起或钝棘。另外，刺海马体侧棘尖长，且雄性的棘刺末端是黑色的。

冠海马
Hippocampus coronatus

冠海马

分类地位

海龙鱼科海马属

形态特征

冠海马体长约9厘米，躯干环10节。顶冠高或中等高（约等于吻长），吻短。头、体皮瓣多而长。体色从黄褐色到红褐色。背鳍有黑缘。

食物

小型无脊椎动物。

繁殖

繁殖期为6—7月，小海马出生时体长约9毫米。

二级

国家重点保护野生动物等级

DD

IUCN 濒危等级

海之眼

个体的变异

冠海马个体间的顶冠形状、体环的棘以及枝状皮瓣的形状和数量存在显著变异。大多数个体的躯干环节处并没有棘，如果有棘的话，棘的形状通常是细长且具有钝的顶端。

分布

冠海马是暖温性沿岸鱼类，栖息于沿岸内湾藻场。在我国，分布于渤海、黄海。在世界范围内，还分布于日本沿海、朝鲜半岛南部海域等。

冠海马

日本海马
Hippocampus mohnikei

分类地位

海龙鱼科海马属

形态特征

日本海马体长约 8 厘米，是海马中的常见小型种。躯干环 11 节。吻短，头长是吻长的 3 倍，这一点与刺海马、库达海马、冠海马等的区别很明显。顶冠很矮，无棘。各体环棘刺亦矮、钝。尾细长。体深褐色或褐色，布有不规则的带状斑。

日本海马

二级

国家重点保护野生动物等级

VU

IUCN 濒危等级

食物

桡足类、端足类、枝角类、虾类等。

繁殖

自然条件下，日本海马在 4 ~ 10 个月大的时候就性成熟了。人工养殖条件下，3 ~ 8 个月达到性成熟。一年能繁殖多次，每次产小海马 10 ~ 400 尾。在我国南海的繁殖期为 6—9 月，在渤海和黄海的繁殖期为 5—7 月。

分布

栖息于近岸内湾藻场。在我国，分布于渤海、黄海、东海、南海。在世界范围内，还分布于日本北海道以南海域、朝鲜半岛海域、越南海域等西太平洋暖海域。

日本海马与冠海马

日本海马与冠海马长相相似，它们最大的区别是日本海马有成对的圆形头棘，在眼下方有成对的棘，而冠海马的头部顶冠非常高，且有较扩张的棘连接在较短的背鳍上。

日本海马

克氏海马

Hippocampus kelloggi

分类地位

海龙鱼科海马属

形态特征

体长可达 35 厘米，躯干环 11 节。头部顶冠高度中等。背鳍基底长，有 18 ~ 19 枚鳍条。体色为黄褐色，布有不规则或线状白色斑纹。

食物

端足类、桡足类、糠虾类等甲壳类。

繁殖

9 ~ 12 个月即达性成熟，每胎可产小海马数百尾，有时上千尾。寿命 1 ~ 5 年。

克氏海马

二级
国家重点保护野生动物等级

VU
IUCN 濒危等级

分布

克氏海马是暖水性沿岸鱼类，栖息于水质澄清、藻类多的近海。在我国，分布于南海。在世界范围内，分布于印度洋、西太平洋温暖海域。

海之眼

海马里的"大个头"

克氏海马的体长可达 35 厘米，是世界上已知体形最大的海马。

棘海马

Hippocampus spinosissimus

分类地位

海龙鱼科海马属

形态特征

体长约 6.6 厘米，躯干环 11 节。吻粗短，长度小于吻后头长。顶冠高度中等。通常在第 1、第 4、第 7、第 11 个躯干环上的棘较长；尾部的棘也较长；雄海马的育儿囊上有发达且显著的钝顶棘。体色多呈灰褐色，吻部色稍浅。

食物

小型甲壳动物和其他浮游无脊椎动物。

繁殖

开始性成熟的最大体高为 10.4 厘米；全年可繁殖，生殖高峰期在 5—10 月。

棘海马（干体）（王信 拍摄）

二级

国家重点保护野生动物等级

VU

IUCN 濒危等级

分布

　　棘海马是暖水性近岸鱼类，栖息于有八放珊瑚、大型藻类的藻场。在我国，分布于南海和台湾海域。在世界范围内，分布于印度洋、太平洋暖水域。

棘海马与刺海马

　　棘海马与刺海马相似，都有明显的锐棘，它们的明显区别是刺海马的吻较长、较细，而棘海马的吻粗短。

三斑海马

Hippocampus trimaculatus

三斑海马

二级

国家重点保护野生动物等级

VU

IUCN 濒危等级

分类地位

海龙鱼科海马属

形态特征

体长约 19 厘米，躯干环 11 节。吻较短。顶冠低，上有 5 个小突起。棘矮小，略微突起。体色由浅褐色到灰褐色。

食物

桡足类、端足类、枝角类等。

繁殖

全年可繁殖，生殖高峰期在 3—5 月和 10 月。小海马出生时平均体长约 6 毫米。

分布

三斑海马是暖水性近岸鱼类，栖息于浅水岩礁海区。在我国，分布于东海、南海、台湾海域。在世界范围内，分布于印度洋、太平洋暖水域。

三斑海马

海之眼

三斑海马

在第 1、第 4 与第 7 节躯干环的背侧各有 1 个黑色圆斑，故名三斑海马。

二级

国家重点保护野生动物等级

LC

IUCN 濒危等级

花海马

Hippocampus sindonis

分类地位

海龙鱼科海马属

形态特征

体长约 8 厘米，躯干环 10 节。吻长 2.8 ~ 3.3 厘米。顶冠短于吻长；顶冠具分支皮瓣，不具尖锐棘。每个体环上都有瘤或刺。

食物

甲壳类。

分布

在我国，分布于台湾海域。在世界范围内，还分布于日本海域。

不同体色的花海马

海之眼

绚丽的花海马

花海马体色多样且雌雄没有差异，有白色、红色、黄色、棕色或灰色。身上有条纹或斑点，眼周围有白色放射状斑纹，有时在背鳍上出现半圆形斑纹。因此被称为花海马，可谓名副其实。

北部湾海马

Hippocampus casscsio

二级

国家重点保护野生动物等级

DD

IUCN 濒危等级

分类地位

海龙鱼科海马属

形态特征

头部没有突起的顶冠。吻长约为头长的1/3。眼上方有突出的圆形棘，有2个颊棘。体色为深棕色。

食物

小型的甲壳类或者浮游生物。

分布

目前发现分布在南海北部近岸海域。

北部湾海马（干体）（张艳红　拍摄）

海之眼

海马家族新成员

2016年，在我国的渔业资源调查中，于北部湾西南海域捕获了一种未被描述的海马。中国科学院南海海洋研究所热带海洋生物资源与生态学重点实验室的科学家运用形态分类学和分子生物学的方法，鉴定这是一个海马新种，命名为北部湾海马。

二级

国家重点保护野生动物等级

VU

IUCN 濒危等级

虎尾海马

Hippocampus comes

虎尾海马

虎尾海马

分类地位

海龙鱼科海马属

形态特征

体长可达 18.7 厘米，躯干环 11 节。吻细长。顶冠又小又矮，有 5 个明显的圆形疣瘤或棘。有成对的颊棘，或在眼之上或在眼之下；还有突出、锐利的鼻棘。体色呈黄色或灰色，或两色交互。

食物

小型的甲壳类或浮游生物。

繁殖

雄性虎尾海马全年可孕育。

分布

它通常成对栖息于珊瑚、海绵、大型褐藻和马尾藻上。在我国，分布于南海。在世界范围内，还分布于印度尼西亚、马来西亚、菲律宾等海域。

老虎斑纹般的尾巴

虎尾海马尾部的斑纹，像极了老虎身上的斑纹，因此而得名。另外，虎尾海马的身上具斑块状或斑点状的图案，眼部有时具有放射状的白色条纹。

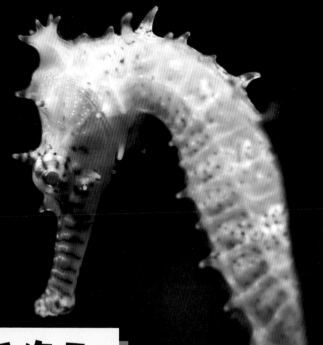

鲍氏海马

Hippocampus barbouri

分类地位

海龙鱼科海马属

形态特征

最大者体长 15 厘米。体表有明显的棘刺突起。吻长，吻部有白色条纹，有突起的顶冠。

食物

甲壳类。

分布

栖息于有石珊瑚分布的珊瑚礁区。在我国，分布于福建以南的南海近岸海域以及西沙群岛、南沙群岛海域。在世界范围内，还分布于印度尼西亚、马来西亚和菲律宾等海域。

二级

国家重点保护野生动物等级

VU

IUCN 濒危等级

海之眼

独爱石珊瑚的海马

鲍氏海马主要分布在有石珊瑚生长的区域，经常被发现缠附在石珊瑚上。

鲍氏海马

二级

国家重点保护野生动物等级

DD

IUCN 濒危等级

克里蒙氏海马

Hippocampus colemani

分类地位

海龙鱼科海马属

形态特征

体长约 2 厘米。躯干环 11 节。吻很短。顶冠很低。体表具零星突起的不规则结节。

分布

克里蒙氏海马是沿海岩礁鱼类。在我国，分布于台湾海域。

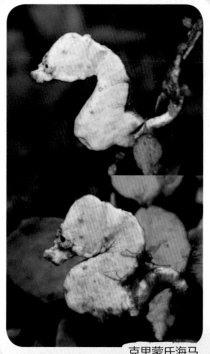

克里蒙氏海马

海之眼

豆丁海马

豆丁海马是潜水爱好者们对小型海马的昵称。目前，我国已发现有 4 种豆丁海马：克里蒙氏海马、巴氏海马、彭氏海马、丹尼斯海马。

巴氏海马

Hippocampus bargibanti

分类地位

海龙鱼科海马属

形态特征

体长约 2.4 厘米，躯干环 11 ～ 12 节。吻非常短，前方膨大。体表布有突起的不规则的瘤（结节），就像缀满了花骨朵。有两种体色，一种为灰白色或紫色，具有粉红色或红色的瘤；一种为黄色，具有橙色的瘤。

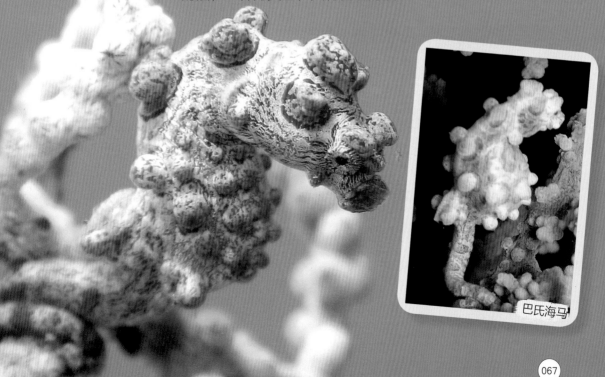

巴氏海马

食物

对于巴氏海马吃什么，人们了解的不多，可能与其他海马相似，以小型甲壳类为食。

繁殖

全年可繁殖，小海马出生时平均体长约 2 毫米。

分布

巴氏海马常成对或成群出现，栖息在柳珊瑚上。在我国，分布于南海和台湾南部海域。在世界范围内，还分布于日本、印度尼西亚、菲律宾等海域。

成对的巴氏海马

海之眼

拟态高手

虽然海马游得慢，避敌能力很差，但为避免被敌害发现，它们也有"绝招"，那就是拟态。拟态是指，在自然界中一种生物的形态、斑纹、颜色等，跟另外一种生物或周围环境中的其他物体相似，从而获得生存优势的现象。

海马能根据环境变化体色，还能模拟海藻的形态。有些种类在躯干环突棘上长出树枝状的线状物，在水中摆动，迷惑敌害。巴氏海马的伪装能力就很强，它们身上的粉红色、红色或橙色的突起拟态柳珊瑚上的珊瑚虫，如果不仔细观察，很难在珊瑚礁中找到它们。

彭氏海马

Hippocampus pontohi

分类地位

海龙鱼科海马属

形态特征

体形极小，体长约 1.4 厘米，躯干环 12 节。吻中等长。顶冠略尖且上扬。体表及尾部具有排列松散的结节。体色为白色、粉红色或浅黄色，躯干部位有时有红色线条；尾部具有红色条纹。

彭氏海马

二级

国家重点保护野生动物等级

LC

IUCN 濒危等级

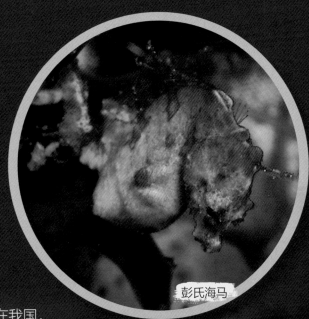

彭氏海马

食物

浮游动物。

分布

通常成对栖息在珊瑚藻上。在我国，分布于台湾海域。在世界范围内，还分布于印度尼西亚海域。

海之眼

海马都是"一夫一妻"吗?

据研究，并不是所有海马都遵循"一夫一妻"制，这与它们的种群密度有关。在人工养殖条件下，种群密度较大，海马存在多配的行为；而野外条件下，种群密度相对较低，遵循"一夫一妻"制更有利于繁殖后代。

彭氏海马

丹尼斯海马

Hippocampus denise

分类地位

海龙鱼科海马属

形态特征

体长可达 2.14 厘米，躯干环 12 节。没有突起的
顶冠。吻很短。体表有少数肉瘤。通体呈橘红色，尾
部有颜色略深的色环。

二级

国家重点保护野生动物等级

DD

IUCN 濒危等级

食物

甲壳类或者浮游生物。

繁殖

曾在 2 月、5 月、10 月发现孵卵的雄海马，推测能全年繁殖。

分布

栖息于柳珊瑚上。目前只在我国南海的南沙群岛有发现。在世界范围内，还分布于印度尼西亚、马来西亚、菲律宾等海域。

海之眼

一生只在一株柳珊瑚上

当幼年时的丹尼斯海马选择定居于某一株柳珊瑚之后，便不会在柳珊瑚之间移动，因此被认为一生只生活在一株柳珊瑚上。

丹尼斯海马

鲈形目
Perciformes

波纹唇鱼

黄唇鱼
Bahaba taipingensis

黄唇鱼（颜阔秋　拍摄）

分类地位

石首鱼科黄唇鱼属

形态特征

体侧扁，眼上侧位，口端位，口张时下颌突出。背鳍长。头被圆鳞，体表被银元般栉鳞。身体背侧棕黄色、橙黄色，腹侧灰白色。胸鳍基部腋下有1个黑斑。一般体长1～1.5米，体重15～30千克。

食物

成鱼以小鱼和虾、蟹等甲壳动物为食，幼鱼则以虾的无节幼体为食。

繁殖

一般生活在暖温带近海水深50～60米的底层，幼鱼生活在河口附近。4—6月洄游到河口产卵。雌性黄唇鱼，体重达15千克时，才有完全成熟的卵，卵粒大小如鲤鱼卵。在清明至谷雨前后产卵。在繁殖期间，能用靠近鳔的"鼓肌"发出动听的声响，时强时弱，且有韵律，百米之内可闻其声。

分布

仅分布于我国的南海北部和东海。

生存现状

黄唇鱼是我国特有的名贵珍稀鱼类。20世纪50—60年代，东莞海域黄唇鱼资源非常丰富，年产量180吨以上，曾创下一网捕获1.5吨黄唇鱼的纪录。到80年代初，黄唇鱼仍是虎门海域鱼类优势种。近几十年，由于黄唇鱼的鱼鳔价格高昂，非法捕捞和买卖令黄唇鱼数量急剧减少。

过度捕捞、栖息地的破坏是黄唇鱼资源量急剧下降的主要原因，目前只发现有黄唇鱼在珠江口繁殖。

一级

国家重点保护野生动物等级

CR

IUCN 濒危等级

保护

为有效保护黄唇鱼这一珍贵资源，2005年，东莞市在黄唇鱼仅有的产卵场——珠江口虎门海域设立了东莞市黄唇鱼市级自然保护区，这是目前我国唯一以黄唇鱼为主要保护对象的自然保护区。广东海陵岛国家级海洋公园也将黄唇鱼作为保护对象。

可喜的是，自2005年以来，黄唇鱼自然保护区管理机构着力攻克黄唇鱼人工驯养及繁育方面的技术，不断加大科研攻关力度，于2021年解决了黄唇鱼人工繁育难题。

海之眼

贵如黄金

黄唇鱼的鳔甚为珍贵，具有重要的药用价值，居石首鱼鳔之首，素有"贵如黄金"之说。故从前渔民若捕到黄唇鱼，就会举村庆贺，分而食之，并将鳔晒干珍藏。

此外，黄唇鱼鳔的形态独特：呈圆筒形，前端宽平，由两侧各伸出一条细长、约与鳔等长的侧管（俗称"胡须"）向后深入体壁肌肉层内。这一独特形态在石首鱼科系统发育研究上有重要的学术价值。

波纹唇鱼

波纹唇鱼
Cheilinus undulatus

分类地位

隆头鱼科唇鱼属

形态特征

波纹唇鱼是隆头鱼科大家族的"巨人"，体延长，侧面观呈长卵圆形，体长可达 2 米。吻较长，前端钝圆。唇厚。眼侧扁而高，有 2 个颇小的鼻孔。成鱼体色为绿色，头部有橙色与绿色的网状纹。

波纹唇鱼

食物

它的上、下颌都有锥状利齿，可以轻易地将带有硬壳的食物咬碎。食谱很广，以鱼类、无脊椎动物为食。

繁殖

波纹唇鱼的成长期较长，属于雌雄同体、雌性先成熟鱼类。5 龄性成熟，繁殖期为 4—7 月。

分布

在我国，分布于南海。在世界范围内，分布于红海以及印度洋、太平洋。

幼鱼栖息于礁盘内海藻丛生的浅水中，成鱼常栖息于礁盘外较深的珊瑚海域。

生存现状

由于波纹唇鱼是世界上著名的食用及观赏鱼类，巨额的利润吸引人们大量捕捞，使其数量急剧减少。很多幼鱼在没有达到繁殖年龄时即被捕获，使得能繁殖的成鱼越来越少。波纹唇鱼种群的消失，也会造成珊瑚礁生态系统失衡。

保护

世界各国高度重视波纹唇鱼的濒危状况，严格限制有关波纹唇鱼的贸易活动，并制定了严格、繁复的进出口审批手续。国际上对波纹唇鱼的研究已有较长的时间，尤其是在人工繁殖方面，以期为波纹唇鱼的资源保护和人工养殖提供理论支撑。

波纹唇鱼

海之眼

波纹唇鱼的"美名"

"波纹"指的是体表上弯弯曲曲的纹路，色彩艳丽；而叫"唇鱼"，则是因为它有丰厚的嘴唇。波纹唇鱼又名"苏眉"，"苏眉"源于其眼后方两道状如眉毛的条纹。其又因为高高隆起的额头就像拿破仑戴的帽子，所以也有"拿破仑鱼"之称。

凸起的额头

幼鱼在体长约 37 厘米时，额头才会稍稍隆起，体长约 75 厘米时，额头才会明显凸起。体形越大，凸起越明显。也就是说，根据额头凸起的程度，可以推断其大约年龄。

鲉形目
Scorpaeniformes

松江鲈
Trachidermus fasciatus

松江鲈

分类地位

杜父鱼科松江鲈属

形态特征

头大，口大。体裸露无鳞，被粒状和细刺状皮质凸起。有1对宽大的椭圆形胸鳍，尾鳍后缘截形。体背侧黄褐色、灰褐色，腹侧黄白色。左右鳃盖膜的边缘各有2条橘红色带，在繁殖季节尤其明显，乍一看就像4片鳃露在外面，所以又被称为"四鳃鲈"。

食物

幼鱼主要吃枝角类、桡足类等浮游动物，成鱼主要吃小虾、小鱼等。

繁殖

松江鲈为沿岸洄游性鱼类，1龄性成熟。繁殖期为4—6月，寿命约为1年。当性腺发育到接近成熟时，便从内河游向河口，选择在沙滩、沙礁或贝壳较多的潮间带筑造洞穴，产卵。鱼卵由雌雄鱼共同或雄鱼自己守护。直到第二年4月，孵出小鱼后，雌雄亲鱼相继死亡。5月，幼鱼集群由河口逆流而上，到内陆小溪及江河近岸浅水地带摄食、成长、育肥。

松江鲈

分布

在我国，分布于鸭绿江口到福建九龙江口等邻海河流下流地区。在国外，分布于日本、菲律宾、朝鲜半岛等海域。

生存现状

历史上，松江鲈曾广泛分布于我国沿海及其邻近淡水水域，尤其在长江口产量最多，最负盛名，因此而得名。近几十年来，由于过度捕捞以及大量水利设施的兴建，阻碍了松江鲈的洄游，种群数量逐年下降。目前，松江鲈在我国大部分水域已经绝迹，在鸭绿江下游流域有一定的种群数量，在青龙河流域（山东省界内）和富春江流域（浙江省界内）有零星分布。

松江鲈

保护

我国已经攻克松江鲈人工繁育与养殖技术难题，并在近十几年，相继开展了多次松江鲈人工放流活动。例如，靖海湾松江鲈鱼国家级水产种质资源保护区，在 2011 年放流万余尾松江鲈；杭州市富阳区松江鲈省级水产种质资源保护区，在 2022 年 6 月 2 日首次将 1 万尾松江鲈放流到富春江里。在山东文登埠口成立了国内首家松江鲈救护站，建立了松江鲈自然保护区、种质资源保护区，在松江鲈的抢救、保护、驯养培育等方面做了大量的工作。此外，东营黄河口生态国家级海洋特别保护区、山东文登海洋生态国家级海洋特别保护区、上海市长江口中华鲟自然保护区均将松江鲈列为保护对象。这些保护措施使这一珍稀物种得到了有效保护。

海之眼

历史上的"莼羹鲈脍"

松江鲈曾被誉为中国四大淡水名鱼之一，与莼菜、茭白并列为"江南三大名菜"。在江南一带曾一度形成了松江鲈文化。历代文人大力称赞这一道珍馐美味，并在诗词歌赋中借以寄托思乡之情，如晋代葛洪《神仙传》中说"松江出好鲈鱼，味异他处"，宋代苏轼《后赤壁赋》中说"巨口细鳞，状如松江之鲈"。史书中也有许多关于松江鲈馔的记述，如明代李时珍《本草纲目》中说："黑色曰卢（鲈），此鱼白质黑章，故名。淞人名四鳃鱼。"

爬行动物

现存生活在海洋里的爬行动物主要包括海龟和海蛇两大类群。在远古时期，这两大类群的祖先都生活在陆地或水边，后来经过进化，适应了海洋生活。不过，海龟和一部分海蛇（卵生）还是会爬到岸上产卵，另一些海蛇（卵胎生）则终生生活在海水中。

本书介绍我国海域里的 5 种海龟和 16 种海蛇。

红海龟

绿海龟

龟鳖目

Testudines

玳瑁

海龟是一类古老而神奇的大型海洋爬行动物，在 1.5 亿年前就出现在了地球上，从恐龙鼎盛时代一直存续至今，经历了从海洋到陆地又从陆地返回海洋的进化历程，拥有独特的习性和生活史，在生物进化史上有着不可替代的位置，被称为海洋"活化石"。海龟是海洋生态系统的旗舰物种和指示物种，具有重要的生态、科研和文化价值。在中国的传统文化中，海龟是吉祥、长寿的象征；在某些沿海地区，海龟被视为庇护平安的"神灵"。

在我国海域有 5 种海龟：绿海龟、玳瑁、太平洋丽龟、红海龟和棱皮龟。这 5 种海龟大部分分布于我国南海，尤其是南沙群岛和西沙群岛海域。以绿海龟和玳瑁最为常见。

由于全球海洋气候变暖，幼色死亡率上升；沙滩温度升高会破坏正常的海龟性别比例。同时随着海平面的上升，可供海龟筑巢的海滩也越来越少。另外，海藻资源的衰退，使海龟失去了索饵和栖息场所。

海龟属于洄游性爬行动物，为了产卵繁殖，必须洄游到

玳瑁

出生地附近的海域进行交配。交配后的雌海龟通常会在太阳落山后上岸，到沙滩上产卵，产完卵后再精疲力竭地爬回大海。然而，夜间的人造灯光，如沙滩上的灯光、渔船的灯光和岛上渔民的生活灯光，会使海龟对夜晚产生错觉，干扰海龟在夜间上岸产卵。海龟的卵会受到蝇蛆、真菌、螃蟹、野狗、浣熊、鸟的威胁。小海龟一出生就迫不及待地朝海边爬去，在爬向大海的过程中会遇到海鸥、军舰鸟、螃蟹等天敌的捕食，最终只有很少一部分小海龟能成功到达大海。小海龟有趋光性，它们会本能地通过海面对月光的反射光来辨别大海的方向，朝大海爬去。而夜间岸上的人造灯光会使小海龟向相反的方向爬，远离大海。因此，海龟的一生可谓是危机四伏，充满着各种危险和挑战。

可见，在自然环境下，海龟的成活率是很低的，而海龟达到性成熟的时间又很长，如红海龟需要12～30年，绿海龟需要20～50年，玳瑁甚至需要30年左右才能达到性成熟。而且海龟繁殖周期较长，每2～8年才会进行一次交配产卵。

在海洋渔业捕捞活动中，会造成海龟意外死亡，一些渔业作业方式和渔具（如密眼网、拖网）会误捕海龟；海钓也会钓到海龟；海龟很容易被渔网缠住无法浮出水面呼吸而窒息死亡。

海龟在食用、药用、工艺品制作等方面具有较高的价值，还有很高的观赏价值。历来，大规模的非法海龟贸易带来的高额利润促使人类对海龟滥捕滥

小海龟爬向大海

杀，使海龟资源遭到了毁灭性的破坏。

我国历来高度重视海龟保护工作，早在 1988 年，《中华人民共和国野生动物保护法》就将所有海龟列为国家二级重点保护野生动物。2015 年公布的《中国脊椎动物红色名录》将我国海域的 5 种海龟评估为濒危（EN）等级。2018 年 5 月 23 日，中国海龟保护联盟在海南三亚成立，标志着我国海龟保护工作进入全面协作的发展新阶段。2018 年，农业农村部向沿海各省（自治区、直辖市）渔业主管厅（局）印发《海龟保护行动计划（2019—2033 年）》，对全国范围内的海龟保护管理工作进行统一部署。2021 年公布的《国家重点保护野生动物名录》将这 5 种海龟全部列为国家一级重点保护野生动物。

每年 5 月 23 日是世界海龟日，中

海龟误食塑料垃圾

岸边的绿海龟

安装定位追踪器的红海龟

国海龟保护联盟、中国野生动物保护协会、海龟救助站等与海龟保护有关的组织和科研机构，会在这一天开展世界海龟日主题宣传活动。

保护海龟对于维护海洋生物多样性和生态系统平衡、促进自然与社会和谐发展具有重要意义。下面就让我们一起来认识一下这 5 种海龟吧。

红海龟

Caretta caretta

分类地位

海龟科蠵（xī）龟属

形态特征

头部有 2 对前额鳞，背甲有角质盾片，靠近尾部的盾片呈锯齿状，有较平坦的腹甲，四肢扁平。背甲棕红色或红褐色，有土黄色或褐色斑纹；腹部黄色。成年红海龟背甲长可达 120 厘米，体重可达 250 千克。成年红海龟因背甲是红褐色的，因此得名，又称蠵龟、赤海龟、赤蠵龟。

食物

主要吃底栖无脊椎动物（如海绵）、头足类（如章鱼、乌贼）和鱼类。

繁殖

雌性红海龟在夜间到海岸沙滩上挖穴产卵，每窝产卵 130～150 枚。卵在自然条件下经 2 个月左右孵出幼龟。

分布

在我国，分布于黄海、东海、南海等。红海龟的产卵场分布在印度洋、大西洋和太平洋沿岸的沙滩。在太平洋的产卵场主要位于日本和澳大利亚。我国是否有红海龟的产卵场有待进一步证实。

一级

国家重点保护野生动物等级

VU

IUCN 濒危等级

生存现状

红海龟的数量仅次于绿海龟。人为捕食、渔业误捕致死、产卵场破坏等是导致其数量下降的主要原因。

保护

2021 年，青岛海昌极地海洋公园里，一只红海龟在水中产下 30 枚卵，保育员及时将卵打捞出来，并转移到孵化箱中，人工繁育出 7 只小红海龟，这是国内首次人工繁育红海龟。通过人工繁育，并将小海龟放流大海，可以有效补充红海龟种群数量。

海之眼

"潜水高手"

科学家对红海龟进行长时间的跟踪研究发现，红海龟在海洋中每月能遨游上万米，因此有"海底马拉松冠军"之称。

幼年红海龟

绿海龟

绿海龟

Chelonia mydas

绿海龟

分类地位

海龟科海龟属

形态特征

　　绿海龟是海龟中体形较大的一种，体重可达 160 千克，背甲长可达 130 厘米。腹部为白色或黄白色。背甲为棕色或浅褐色，有不规则放射状深色斑纹。头部有 1 对前额鳞。成年绿海龟，根据尾巴的长短就能辨认出性别，一般而言，雄性的尾巴要比雌性的长。

刚出生的小绿海龟

食物

幼年绿海龟主要吃水母和小鱼；成年绿海龟主要吃海藻和海草，偶尔吃水母。

繁殖

绿海龟的生长速度很慢，长到背甲长1米的成年龟需要26～40年。5-10月产卵，每窝产卵80～170枚。

分布

全球广布，足迹遍布140多个国家和地区，主要集中在热带、亚热带海域，我国从南沙群岛至山东附近海域均能找到它们的身影。

绿海龟的产卵场分布于亚洲、大洋洲和美洲温暖海域的沙滩。我国的广东惠东，香港特别行政区的南广岛，台湾的澎湖列岛、小琉球岛和兰屿，海南的东沙群岛、西沙群岛、南沙群岛，都有绿海龟的产卵场。

生存现状

在我国，绿海龟是数量比较多的一种海龟。在广东、台湾、福建、浙江等省份的沿海都能见到绿海龟。特别是在比较温暖的南海，最容易见到绿海龟。

保护

绿海龟是福建城洲岛国家级海洋公园和广东雷州珍稀海洋生物国家级自然保护区的保护对象；2017年，在广东惠东港口海龟国家级自然保护区驯养中心，成功实现绿海龟的全人工繁殖。

一级

国家重点保护野生动物等级

EN

IUCN 濒危等级

绿海龟

海之眼

绿海龟的背甲是绿色的吗?

绿海龟的背甲并非绿色的,而是棕色或浅褐色的。成年的绿海龟常年以海藻和海草为食,而食物里的叶绿素会积累在脂肪里,使得脂肪呈现黄绿色,因此得名。

绿海龟

玳瑁

Eretmochelys imbricata

分类地位

海龟科玳瑁属

形态特征

玳瑁虽是海龟的一种，但有其自身的外貌特点。它的上颌前端钩曲，呈鹰嘴状，因此又名鹰嘴海龟。背甲上 13 张鳞片像鱼鳞似地一片搭在一片上面，别称"十三鳞"；而其他海龟圆头圆脑，背甲是一个整体。玳瑁的颈部皮肤粗糙脱皮，而其他海龟颈部皮肤较细腻。玳瑁还具有扁平的身躯、水滴状的背甲、流线型的适合划水的鳍足。玳瑁是海龟家族当之无愧的"颜值担当"，它那华丽的半透明的背甲，被称为"海金"。

食物

玳瑁是少数几种以海绵为主食的动物，有些海绵内含大量二氧化硅，这是玻璃的主要成分，由此认为玳瑁是能消化玻璃的海龟。玳瑁的食物还有水母、海葵、甲壳动物、软体动物、小型鱼类和海藻。

繁殖

每年 2 月下旬，雌玳瑁会拖着疲惫的庞大身体登岸到沙滩上挖穴产卵，每窝产卵 50 ~ 200 枚。经 2 个月左右，小玳瑁便孵化出来。

玳瑁

一级

国家重点保护野生动物等级

CR

IUCN 濒危等级

分布

在我国，分布于山东、江苏、浙江、福建、台湾、广东及海南等沿海。在世界范围内，分布于印度洋、太平洋、大西洋的热带、亚热带水域。玳瑁的产卵场分布广泛，在澳大利亚和美国夏威夷的沙滩上均有玳瑁产卵的记录。我国是否有玳瑁的产卵场有待进一步证实。

生存现状

由于玳瑁的背甲可以制成装饰品，还具有药用价值，因此玳瑁遭到人类的大量捕杀，这是它成为极危物种的主要原因。

保护

在我国，玳瑁是长江口中华鲟自然保护区、浙江嵊泗马鞍列岛海洋特别保护区、广东雷州珍稀海洋生物国家级自然保护区的保护对象。世界上很多国家已经制定一系列法律法规禁止捕杀玳瑁，也禁止玳瑁制品进出口。

刚出生的小玳瑁

海之眼

"玳瑁宝石"

在我国，玳瑁有"吉祥长寿、辟邪纳福"的寓意，两千年前的战国时代就有很多用玳瑁制作的装饰品和工艺品。在古代用玳瑁背甲制成的"玳瑁宝石"，晶莹剔透，花纹清晰美艳，色泽柔和，受到世界各国人民的喜爱。

太平洋丽龟

太平洋丽龟
Lepidochelys olivacea

分类地位

海龟科丽龟属

形态特征

太平洋丽龟在海龟中是体形最小的。因为它的头部、四肢和背部都是暗橄榄绿色的，所以又被称为橄龟。腹部浅橙色，无斑纹。头部有 2 对前额鳞。太平洋丽龟背甲长不超过 80 厘米，体重约 45 千克。

食物

主要吃海底和漂浮在水面的甲壳动物、软体动物、水母和其他无脊椎动物。在没有肉食性食物来源的地区主要以藻类为食。

繁殖

一般需要 12~30 年才能性成熟，雌海龟有集群上岸产卵现象，每隔几年繁殖一次，每年 9 月至第二年 1 月为产卵期。每窝产卵 110 ～ 120 枚，孵化期为 50 ～ 60 天。

分布

在我国，多分布在东海和南海。在世界范围内，分布于印度洋、太平洋的暖水域。太平洋丽龟的产卵场广泛分布在印度洋和大西洋沿海的沙滩，我国没有太平洋丽龟的产卵场。

生存现状

我国太平洋丽龟的数量不多，在渔业捕捞中，偶尔会被误捕到。

保护

在有太平洋丽龟产卵场的国家和地区，人们通过收集龟卵，并进行人工孵化，再将幼龟放回大海，来保护太平洋丽龟。在我国，太平洋丽龟是广东海陵岛国家级海洋公园的保护对象。

一级

国家重点保护野生动物等级

VU

IUCN 濒危等级

集体产卵

每到产卵期，太平洋丽龟会集群在同一时间、同一地点上岸产卵，以大规模筑巢而闻名，一次有几百只甚至上万只雌海龟上岸，场面相当壮观。印度的奥利萨省和墨西哥海滩上就曾出现上万只太平洋丽龟集体产卵的现象。小海龟出生后，可以看到海滩上铺天盖地的小海龟争先恐后地向大海爬去。

破壳而出的太平洋丽龟

棱皮龟

棱皮龟

Dermochelys coriacea

分类地位

棱皮龟科棱皮龟属

形态特征

棱皮龟是地球上现存最大的海龟，也是游泳能力最强的海龟，被称为"龟中之王"。背甲长可达 2 米，体重可达 950 千克，平均体重均超过 250 千克。体色为蓝黑色至黑色，头颈部和背甲密布白色斑点；背甲具 7 条突起的纵棱，腹部有 5 条纵棱，因而被称为"棱皮龟"。

食物

以鱼类、刺胞动物、棘皮动物、软体动物、节肢动物及海藻为食。最喜欢吃的食物是水母，别称"吃水母的潜艇"。

繁殖

目前在我国境内没有棱皮龟上岸产卵的记录。在热带或者亚热带温暖的沙滩产卵，每窝产卵约 100 枚。孵化期为 60 ～ 70 天。

棱皮龟的卵

棱皮龟

分布

棱皮龟比海龟科海龟分布更加广泛，可以深入更加寒冷的海域，可在较长时间保持高于水温的体温。属于全球性分布，主要分布于热带海域的中上层，在寒温带也有棱皮龟的分布；在我国沿海均有分布。

棱皮龟的产卵场分布在太平洋、大西洋以及印度洋沿海的沙滩。我国没有棱皮龟的产卵场。

生存现状

棱皮龟常把漂浮在海面的白色塑料袋或其他垃圾当作水母吃掉，进而造成肠道堵塞。随着海洋环境的污染加剧，死于误食白色垃圾的棱皮龟数目与日俱增，数量呈锐减趋势。

保护

在我国，棱皮龟是浙江象山韭山列岛国家级自然保护区、广东红海湾遮浪半岛国家级海洋公园、广东雷州珍稀海洋生物国家级自然保护区的保护对象。

一级

国家重点保护野生动物等级

VU

IUCN 濒危等级

体温调节能手

在爬行动物里，棱皮龟是很特殊的"温血海龟"，属于中温动物。即使在7℃的低温海域，棱皮龟也能维持25℃的核心体温。这一出色的体温调节能力主要得益于它特殊的身体构造：其一，巨大的体形能帮助它们储存更多的能量。其二，体内具有丰厚的褐色脂肪组织，起到保温的作用。其三，棱皮龟的胸肌强壮且独立，胸肌运动能非常稳定地输出热量。其四，气管里有厚实的血管层，能通过对流交换的方式使进入肺部的空气温度和体温相当。通过这样的对流交换系统，还可以将从四肢带来的冷血液与身体其他部分的血液进行交换，防止四肢的冷血液降低核心体温。在热带海域，棱皮龟也能通过这种方式散热。

有鳞目

Squamata

扁尾海蛇

扁尾海蛇

有鳞目是现存爬行动物中种类最多的一目，包括蜥蜴、蛇两大类，广泛分布于除南极外的全球各地。下面介绍生活在海洋里的蛇类——海蛇。

海蛇分属扁尾海蛇亚科和海蛇亚科。与眼镜蛇那圆柱状的细长尾部不同的是，为了便于在水中游动，海蛇的尾部已经演变为船桨一样的扁平状；为了减少在水中游动的阻力，海蛇身上的鳞片更细小。

海蛇虽生活在海水中，但主要栖息在距大陆或离海岛不远的海域，特别是河口附近。扁尾海蛇亚科仍需回到陆地或岸边晒太阳、交配，生殖方式为卵生，产卵于岸边或珊瑚礁的孔隙内。海蛇亚科更适应海洋生活，生殖方式为卵胎生，在海水中直接产出小海蛇。

海蛇用肺呼吸，所以隔一段时间就要浮出水面换气。海蛇之所以能在水下停留较长的时间，是因为它的肺及与之相连而位于后部的贮气囊的总长几乎与躯干长度相等。贮气囊有贮存空气的作用，囊壁有肌肉，可将贮存的空气压入肺内用于气体交换。此外，海蛇的皮肤具有吸收溶于水中的氧气的功能。海蛇主要以不太活动的或栖息于洞隙中的鱼类为食，有些海蛇也吃乌贼、虾、蟹和鱼卵。

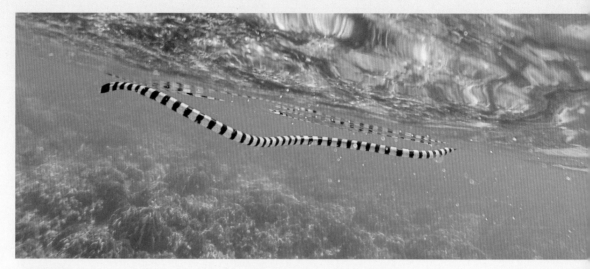

蓝灰扁尾海蛇

　　海蛇都是有剧毒的，蛇毒（有毒蛇类毒腺分泌的混合物）是蛇类在长期的进化过程中发展起来的用于捕食猎物的重要"武器"，对防御敌害也有重要的作用。因此，海蛇的天敌很少，有鲨鱼、海鸟等。海蛇毒素主要成分是神经毒素。人被海蛇咬到后无疼痛感，又因其毒性发作有一段潜伏期，所以很难及时发觉。实际上毒素会很快被人体吸收，引发肌肉无力、吞咽困难，同时各器官受到严重损伤，被咬伤的人可能快在几小时，慢在几天内死亡。然而，大多数海蛇性情比较温和，并不会依仗自己的毒素而横行霸道，只有被激怒时才会主动攻击。已知所发生的海蛇伤人事件，绝大部分是由于海蛇被潜水员或渔夫无意中踩到而发起的自卫反击。

　　海蛇一般喜欢在大陆架和海岛周围的浅水中生活，有的海蛇喜欢在珊瑚礁周围活动，一些卵生海蛇在繁殖季节会到沙滩上产卵。然而人类对沙滩的开发和利用，不可避免地影响海蛇到沙滩上的正常产卵。

海蛇，可谓浑身是宝，是一类珍贵的海洋动物。例如，如海蛇体、海蛇胆、海蛇油和海蛇毒均具有药用价值，蛇皮厚而韧，可制革或制作琴膜。因此，长期以来，人们捕获海蛇用于食用、药用或商业买卖。目前，海蛇虽被列入国家二级重点保护野生动物，但人为捕获或者作为兼捕渔获而获取海蛇的活动仍时有发生。

我国有 9 属 16 种海蛇，主要分布于海南、台湾、广西、广东和福建等沿海。而长吻海蛇在全国沿海各地均能见到，青环海蛇和平颏海蛇是在我国分布范围较广、资源保有量相对较多的 2 种海蛇。

为保护海蛇，2011 年公布的《国家保护的有益的或者有重要经济、科学研究价值的陆生野生动物名录》，将我国 16 种海蛇均列入其中；2021 年公布的《国家重点保护野生动物名录》将我国 16 种海蛇列为国家二级重点保护野生动物。下面简要介绍这 16 种海蛇。

蓝灰扁尾海蛇

蓝灰扁尾海蛇

Laticauda colubrina

分类地位

眼镜蛇科扁尾海蛇亚科扁尾海蛇属

形态特征

头部和颈部区分不明显，前额鳞3枚，鼻孔侧位，尾侧扁。有38～48个蓝灰色环纹。头部上方有1个宽黑斑块。唇缘黄色，且此黄色斑纹延伸至吻及额部，略呈新月形。

食物

海鳗、康吉鳗等。

繁殖

卵生，每到繁殖季节，雌性蓝灰扁尾海蛇就会到适于置卵和孵化的沙滩或岩礁间产卵。每次产卵4～7枚。

二级

国家重点保护野生动物等级

LC

IUCN 濒危等级

分布

在我国，主要分布于台湾沿海。在国外，分布于孟加拉湾到马来群岛沿海，以及澳大利亚、巴布亚新几内亚、菲律宾、斐济、汤加等沿海。

海之眼

辨认特征

蓝灰扁尾海蛇的环纹窄、间距宽，头部上方有1条宽黑斑块，下方为灰黄色，头部两侧各有1条黑色带。

蓝灰扁尾海蛇

扁尾海蛇
Laticauda laticaudata

分类地位

眼镜蛇科扁尾海蛇亚科扁尾海蛇属

形态特征

头部和颈部区分不明显。头部和背部蓝灰色，前额鳞2枚。唇缘黑色，额部有1条略呈新月形的浅蓝色或白色斑纹。腹部黄色。

食物

小型鱼类。

繁殖

卵生，产卵于岸上的岩石缝隙中。

分布

在我国，分布于福建和台湾沿海。在国外，分布于孟加拉湾到马来群岛沿海以及澳大利亚、巴布亚新几内亚、菲律宾、斐济、汤加等沿海。

二级

国家重点保护野生动物等级

LC

IUCN 濒危等级

海之眼

"两栖蛇"

扁尾海蛇亚科种类为卵生，在繁殖时回到陆地，和陆地关系密切，因此被称为"两栖蛇"。

扁尾海蛇

半环扁尾海蛇

Laticauda semifasciata

半环扁尾海蛇

分类地位

眼镜蛇科扁尾海蛇亚科扁尾海蛇属

形态特征

身体圆柱形，头部和颈部区分不明显。鼻孔侧位。具有 35 ~ 46 条青褐色环纹，全身灰色。

食物

小鱼、小虾。

繁殖

卵生，每年 10 月至 12 月上旬集群产卵于岩礁、珊瑚礁的洞穴或裂隙中，每次产卵 3 ~ 7 枚。卵会半浸在水中孵化，孵化期约 160 天。

二级

国家重点保护野生动物等级

NT

IUCN 濒危等级

分布

在我国，分布于辽宁、福建、台湾沿海。在国外，分布于印度洋和太平洋亚热带海域。在菲律宾和我国台湾周边海域分布较多。

短链神经毒素

海蛇毒的主要成分是神经毒素，按分子大小分为长链神经毒素和短链神经毒素。半环扁尾海蛇中的短链神经毒素 erabutoyin（ETX）共有 62 个氨基酸残基，4 对二硫键，呈三指型半环状空间结构，是研究空间构象和功能关系的理想材料。ETX 能竞争性结合于神经－肌肉接头的乙酰胆碱受体，阻断神经信号传递，因此常被用于神经科学研究。

出于对海蛇的保护，我国科学家早在 2006 年就用基因工程合成 ETX，该技术在当时属世界领先水平。

半环扁尾海蛇

龟头海蛇

龟头海蛇

Emydocephalus ijimae

分类地位

眼镜蛇科海蛇亚科龟头海蛇属

形态特征

因头部乍看似龟的头部而得名。头部和颈部区分不明显。鼻孔背位。体、尾背面深褐色，具黑褐色环纹；头黑褐色；自前额鳞沿头侧至口角有一浅色纹。

食物

鱼卵。

繁殖

卵胎生，直接产仔蛇于海水中。

分布

在我国，分布于台湾沿海。在国外，分布于琉球群岛沿海。

二级

国家重点保护野生动物等级

LC

IUCN 濒危等级

海之眼

吃鱼卵的海蛇

　　龟头海蛇的牙较退化，因此主要吃鱼卵。

龟头海蛇

青环海蛇

Hydrophis cyanocinctus

二级
国家重点保护野生动物等级

LC
IUCN 濒危等级

分类地位

眼镜蛇科海蛇亚科海蛇属

形态特征

体细长，躯干略呈圆筒状，躯干后端和尾部侧扁。鼻孔开口于鼻鳞后部，背位。头顶蓝灰色。背面黄色或橄榄色，腹面浅黄色，有1条黑色纵带。有51～68条黑色环纹。

食物

鱼类。

繁殖

卵胎生，直接产仔蛇于海水中。

分布

在我国，分布于渤海、黄海、东海、南海。在国外，分布于波斯湾以及印度半岛沿海至日本海域。

海之眼

关于青环海蛇和平颏海蛇化学成分的研究

1999年，广西中医药研究所的科学家们采用凯氏定氮、氨基酸自动分析、气相色谱、原子吸收光谱等方法，对广西沿海青环海蛇和平颏海蛇的化学成分进行分析，结果表明这两种海蛇的总氮量、蛋白质、氨基酸、脂肪酸、灰分、重金属和微量元素的组成和含量相近，均可作为海蛇药材应用。这项研究结果为海蛇的开发利用和建立质量标准提供了科学依据。

二级
国家重点保护野生动物等级

LC
IUCN 濒危等级

环纹海蛇

Hydrophis fasciatus

分类地位

眼镜蛇科海蛇亚科海蛇属

形态特征

头略小，身体前端细长，后部较粗而略侧扁。鼻孔开口于鼻鳞后部，背位。头部黑色，体、尾背面深灰色，腹面黄白色。

食物

小鳗鱼和乌贼。

繁殖

卵胎生，直接产仔蛇于海水中。

分布

在我国，分布于福建、广东、海南、广西沿海。在国外，分布于阿拉伯海以及东南亚各国、澳大利亚、巴布亚新几内亚沿海。

辨认特征

环纹海蛇通身有背宽腹窄的黑色环纹 48 ~ 60+3 ~ 7 条，从侧面看环纹颇似倒三角形。

119

黑头海蛇
Hydrophis melanocephalus

黑头海蛇

分类地位

眼镜蛇科海蛇亚科海蛇属

形态特征

头较小，身体前端细长，后部较粗而极侧扁。头部黑色，有淡黄色斑点。背面灰色或淡灰青色，腹面淡黄色。全体具黑色环带斑纹 40 ～ 80 条。

食物

鳗类。

繁殖

卵胎生，直接产仔蛇于海水中。

分布

在我国，分布于福建、浙江、台湾沿海。在国外，分布于琉球群岛沿海。

黑头海蛇

海之眼

黑头海蛇和青环海蛇的分类问题

自从国外学者 Daudin（1803）和 Gray（1849）分别依据孟加拉湾和印度洋标本描述青环海蛇和黑头海蛇以后，Smith（1926）和 Pope（1935）曾对我国沿海的这两种海蛇的形态特征进行了描述。他们以前额鳞数目、头部颜色和头、颈部大小为分类依据，国内外其他动物分类学者也以此为依据来区别这两种海蛇。然而，1987 年我国有学者提出，这两种海蛇的前额鳞数目差异不明显，未性成熟的青环海蛇的头是黑色的，与黑头海蛇的头色相似，由此推断前额鳞数目和头色不宜作为这两种海蛇的可靠的鉴别性状。

淡灰海蛇

Hydrophis ornatus

分类地位

眼镜蛇科海蛇亚科海蛇属

形态特征

头长而稍大，吻钝圆，身体及侧扁，鼻孔开口于鼻鳞后外部，背位。头橄榄色。背面灰绿色或灰青色，腹面浅黄色或白色。眼侧位，从背部可见。

食物

鳗类。

繁殖

卵胎生，直接产仔蛇于海水中。

分布

在我国，分布于山东、广东、广西、海南、香港、台湾沿海。在国外，分布于东南亚各国、澳大利亚、波斯湾等沿海。

淡灰海蛇

二级

国家重点保护野生动物等级

LC

IUCN 濒危等级

辨认特征

　　大多数海蛇的身体前端呈圆筒状，尾部侧扁，而淡灰海蛇身体极侧扁。

淡灰海蛇

二级

国家重点保护野生动物等级

LC

IUCN 濒危等级

棘眦海蛇

Hydrophis peronii

分类地位

眼镜蛇科海蛇亚科棘眦海蛇属

形态特征

头较短小，身体粗短，吻钝圆，鼻孔背位，体粗壮。背面淡灰色、米色或灰褐色，有深色横纹；腹面灰白色。

食物

鳗类。

繁殖

卵胎生，直接产仔蛇于海水中。

分布

在我国，分布于香港、台湾沿海。在国外，分布于印度洋、澳大利亚及巴布亚新几内亚热带沿海。

名称由来

棘眦海蛇的眶上鳞及邻近几枚鳞后缘尖出，呈棘状，因此得名。此外，部分额鳞与唇鳞后缘亦尖出成棘。

二级

国家重点保护野生动物等级

LC

IUCN 濒危等级

棘鳞海蛇

Hydrophis stokesii

棘鳞海蛇

分类地位

眼镜蛇科海蛇亚科棘鳞海蛇属

形态特征

头大，深橄榄色。吻短，鼻孔背位，体粗短。背面黄色或淡棕色，有黑色或黑褐色宽环纹。有些个体的环纹在背面成横斑，在腹面成小斑点。

食物

鱼类和无脊椎动物。

繁殖

卵胎生，直接产仔蛇于海水中。

分布

在我国，分布于台湾沿海。在国外，分布于澳大利亚北部和巴布亚新几内亚沿海、阿拉伯海以及东南亚各国沿海。

海之眼

名称由来

棘鳞海蛇背鳞在颈部有 37～47 行，在体最粗部分有 47～59 行，体鳞呈覆瓦状排列，鳞后缘尖出成棘，因此得名。

二级

国家重点保护野生动物等级

LC

IUCN 濒危等级

青灰海蛇

Hydrophis caerulescens

分类地位

眼镜蛇科海蛇亚科海蛇属

形态特征

头部较小。背面呈灰色或青褐色，有 35 ～ 60 条宽的黑环纹；腹面淡黄色。幼蛇头部黑色，长大后暗灰色。

食物

鱼类。

繁殖

卵胎生，直接产仔蛇于海水中。

分布

在我国，分布于山东（青岛）、广东（汕头）、台湾沿海。在国外，分布于马来西亚、印度、缅甸、泰国、越南等沿海。

海之眼

别名

青灰海蛇因其腹面呈淡黄色，又被称为黄腹海蛇，也被称为花海蛇。

二级

国家重点保护野生动物等级

LC

IUCN 濒危等级

平颏海蛇

Hydrophis curtus

分类地位

眼镜蛇科海蛇亚科平颏海蛇属

形态特征

头较大。吻端超出下颌。颈较粗。鼻孔背位。背面黄橄榄色或棕褐色，有深灰蓝色或棕色构成的横纹35～45条；腹面黄色。

食物

鱼类。

繁殖

卵胎生，直接产仔蛇于海水中。

分布

在我国，分布于山东（青岛）、福建、广东、广西、海南、香港、台湾沿海。在国外，分布于北纬49°至南纬58°之间的印度洋、西太平洋。

海之眼

新型镇痛剂——重组平颏海蛇神经毒素

我国科学家于2001年从平颏海蛇毒腺cDNA文库中筛选克隆得到3个编码短链神经毒素的基因，经过进一步的克隆表达和蛋白纯化，得到的重组毒素蛋白即重组平颏海蛇神经毒素，具有止痛作用快、连续用药不会产生耐药性等优势，对晚期癌肿痛治疗的研究具有重要意义。

小头海蛇

Hydrophis gracilis

分类地位

眼镜蛇科海蛇亚科海蛇属

形态特征

头很小。身体前段特别细长，后部较粗而略侧扁，尾侧扁如桨。背面灰黑色，腹面污白色。

食物

鳗类或鳝类。

繁殖

卵胎生，直接产仔蛇于海水中。

分布

在我国，分布于福建、广东、广西、海南、香港沿海。在国外，分布于波斯湾到西太平洋各国沿海。

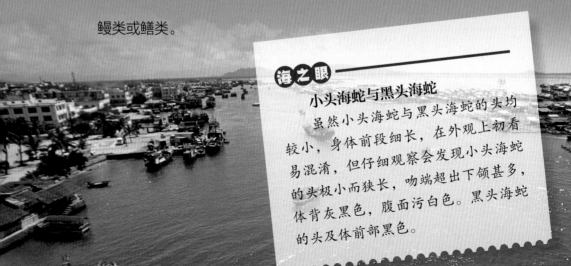

海之眼

小头海蛇与黑头海蛇

虽然小头海蛇与黑头海蛇的头均较小，身体前段细长，在外观上初看易混淆，但仔细观察会发现小头海蛇的头极小而狭长，吻端超出下颌甚多，体背灰黑色，腹面污白色。黑头海蛇的头及体前部黑色。

长吻海蛇

Hydrophis platurus

分类地位

眼镜蛇科海蛇亚科长吻海蛇属

形态特征

头窄长，吻长。体侧扁。背面纯黑色，腹面及体侧淡黄色，尾部有黑斑。

食物

小鱼和甲壳类。

繁殖

卵胎生，每年产仔蛇2尾以上。

分布

它是全球分布最广的爬行动物。在我国，分布于山东（青岛）、福建、浙江、广东（汕头）、广西（北海）、海南、香港、台湾沿海。在国外，分布于印度洋北部、太平洋中部及其岛屿和国家沿海。

长吻海蛇

长吻海蛇

主要鉴别特征

长吻海蛇吻较长，故得名。除了吻长外，体侧黑黄两色分界明显也是其主要鉴别特征。

海中的"两头蛇"

长吻海蛇的运动异于其他海蛇，它倒退时跟前进时一样迅速，被称为海中的"两头蛇"。

长吻海蛇

截吻海蛇

Hydrophis jerdonii

分类地位

眼镜蛇科海蛇亚科截吻海蛇属

形态特征

头短，吻较窄且斜向下，鼻孔背位。体背橄榄色，具黑色环纹；幼体和亚成体的环纹更明显，并形成全环。腹面黄色。

食物

鱼类。

繁殖

卵胎生，直接产仔蛇于海水中。

分布

在我国，分布于台湾海峡。在国外，分布于印度、斯里兰卡、缅甸、马来西亚、越南、印度尼西亚沿海。

截吻海蛇泰国亚种

刘明玉主编的《中国脊椎动物大全》（辽宁大学出版社，2000年出版）里记载：我国仅在台湾沿海发现截吻海蛇泰国亚种 *Kerilia jerdonii siamensis*。

说明：*Kerilia jerdonii* 为截吻海蛇的曾用学名。

二级
国家重点保护野生动物等级

LC
IUCN 濒危等级

海蝰
Hydrophis viperinus

分类地位

眼镜蛇科海蛇亚科海蝰属

形态特征

头大，与颈可区分。吻钝，鼻孔背位。背面蓝灰色，具深灰色菱形斑；幼体横斑可延至体侧；腹面及腹侧淡黄色。尾稍侧扁，末端黑色。

食物

鱼类。

繁殖

卵胎生。

分布

在我国，分布于山东、福建、广西、广东、海南沿海。在国外，分布于波斯湾、印度、印度尼西亚沿海。

海之眼

别名

海蝰因其尾的末端是黑色的，又名黑尾海蛇。